AF326378

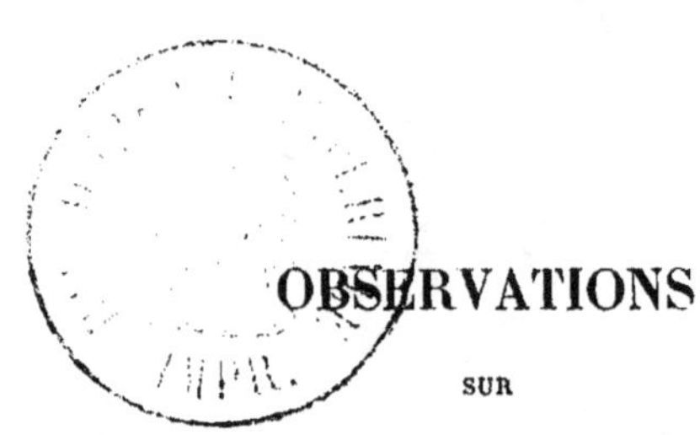

OBSERVATIONS

LES HIRUNDO RUSTICA (*Lin.*), CHELIDON URBICA (*Boié.*)

ET CYPSELUS APUS (*Illig.*).

Saint-Jean-d'Angély, typ. Lemarié, rue de l'Horloge

OBSERVATIONS

SUR LES

HIRUNDO RUSTICA *Lin.*, CHELIDON URBICA *Boié.*

ET

CYPSELUS APUS *Illig.*

PAR

M. Adolphe TRÉMEAU DE ROCHEBRUNE, père

Ancien Conservateur du Musée d'Angoulême,
Membre correspondant de la Société Linnéenne de Bordeaux,
De la Société Historique et Scientifique de St-Jean-d'Angély,
De la Société Archéologique de la Loire-Inférieure, etc., etc.

SAINT-JEAN-D'ANGÉLY

E. LEMARIÉ, IMPRIMEUR - LIBRAIRE,
RUE DE L'HORLOGE, 11, PLACE DU MARCHÉ, 6.

1866.

Extrait du BULLETIN ANNUEL de la Société historique et scientifique de Saint-Jean-d'Angély.

OBSERVATIONS

SUR LES

HIRUNDO RUSTICA (*Lin.*), CHELIDON URBICA (*Boié.*)

ET

CYPSELUS APUS (*Illig.*)

———

Les innovations sont devenues si communes en histoire naturelle, qu'on les regarde comme une nécessité. On croit n'avoir plus rien à faire lorsqu'on est allé à grand'peine se procurer dans les pays les plus éloignés un nombre considérable d'objets dont on ne connaît et dont on ne rapporte la dépouille, que pour en faire ou des genres ou des espèces nouvelles ; les mœurs des mammifères, des oiseaux, etc., sont peu connues et encore moins étudiées ; l'esprit d'observation est remplacé par l'esprit de système et de nomenclature ; on préfère, comme l'a dit l'immortel Buffon, une science dont le langage est plus difficile que la science elle-même, de là cette quantité de mots qui fourmillent dans les ouvrages qui se fabriquent tous les jours, où l'on croit apprendre quelque chose et où l'on ne trouve que des répétitions surannées, des classifications embrouillées,

des rapprochements les plus choquants et les plus
disparates. Je reconnais l'utilité des méthodes, mais
je ne voudrais pas que tout leur fut sacrifié ; en
voulant toujours innover, on marche de mal en pis,
on tombe dans le chaos ; si l'on annonce quelques
découvertes ou quelques améliorations, elles sont
pour la plupart tirées des vieux auteurs relégués sur
les rayons poudreux de bibliothèques ignorées, ou
dans les boutiques des bouquinistes; et présentées sous
une forme plus moderne et plus amphatique, elles
ont un air de nouveauté qui trompe ceux qui n'en
connaissent pas l'origine.

La migration des hirondelles comme leur arrivée
dans nos climats, a donné lieu à bien des fables,
aucun oiseau cependant ne peut être plus facilement
observé puisque toujours fidèle aux lieux qui l'ont
vu naître, il revient chaque année partager nos
habitations et se mettre pour ainsi dire à notre dispo-
sition : pourtant il est un de ceux dont on a voulu le
moins s'occuper. Son accouplement et ses mœurs
sont environnés de tant d'erreurs, qu'on nous saura
peut-être gré d'avoir éclairci cette partie de l'histoire
naturelle que la contrariété des témoignages semblait
avoir condamné à des ténèbres éternelles.

« On a vu, dit Gueneau de Montbeillard, le mâle
« et la femelle de l'hirondelle de fenêtres, se caresser
« sur le bord du nid qui n'était pas encore achevé, se
« becqueter avec un petit gazouillement expressif,
« mais on ne les a point vu s'accoupler, ce qui donne
« lieu de croire qu'ils s'accouplent dans le nid où
« on les entend gazouiller ainsi de grand matin et
« quelquefois pendant la nuit. (1)

----

(1) *Histoire naturelle des oiseaux* de Buffon ; page 621, tome VI,
édition in-4° de l'imprimerie royale, 1779.

Gueneau de Montbeillard n'admet point le fait, il n'en parle que comme d'une chose qui peut avoir lieu, mais dont il n'a aucune preuve certaine. De même que l'illustre Buffon dont il était l'ami et le digne collaborateur, il n'avance rien à la légère, avant de conclure il voulait s'entourer de preuves irrécusables.

« Lorsque l'œuvre de la nidification à laquelle le « mâle et la femelle concourent également et pour « laquelle ils n'emploient d'autres instruments que « le bec et les pieds est terminée, alors commence « pour les hirondelles les fonctions de la repro- « duction ; l'acte de l'accouplement qui chez les « autres oiseaux a lieu en dehors et très-souvent loin « du nid, s'accomplit généralement chez les hiron- « delles dans le nid même. (1)

Pendant plusieurs années nous avons observé une grande quantité d'hirondelles qui habitaient sous un hangard de notre maison de campagne, nous n'avons jamais pu voir consommer l'accouplement dans le nid ; il aurait pu d'autant moins nous échapper que nous avions sous ce hangard vingt à trente nids dont chacun servait de berceau à deux couvées et que les hiron- delles y vivaient dans une paix assez profonde pour que rien ne troublât cette mystérieuse union.

L'accouplement des hirondelles n'a jamais lieu dans le nid, il s'accomplit d'assez grand matin et quelquefois dans la journée sur la gouttière d'une maison, sur quelque entablement en saillie, ou sur un arbre un peu élevé ; le mâle placé près de sa femelle cherche par son gazouillement à exciter sa tendresse, après avoir exprimé ses désirs, il l'invite

---

(1) *Dictionnaire universel d'histoire naturelle* ; page 642, 1re colonne, tome VI, grand in-8°, Paris, 1845.

2

à prendre l'essor ; tous les deux s'élancent dans l'air, volent quelques instants et reviennent se reposer à l'endroit qu'ils ont quitté. Le mâle alors recommence son doux ramage et devient plus empressé et plus impatient, il s'élève en voltigeant au dessus de sa femelle, se joint à elle et reprend sa place à côté d'elle ; de nouvelles caresses sont échangées pour préluder à de nouveaux plaisirs ; enfin l'un et l'autre s'envolent pour se mettre en chasse, ou pour s'occuper de la construction du nid que va demander leur naissante famille. L'accouplement est répété deux à trois fois et toujours dans les mêmes circonstances.

« L'incubation au soin de laquelle les mâles
« prennent assez souvent part, est de douze à quinze
« jours. Tant que dure cette fonction, les mâles ont
« une attention vraiment admirable pour les femelles,
« ils les nourissent dans le nid comme ils nour-
« rissent leurs petits et charment leur ennui par un
« gazouillement monotone, il est vrai, mais qui
« pourtant a sa grâce. (1) »

Ce fait n'est point exact ; les mâles ne prennent point part à l'incubation et ne nourrissent pas leurs femelles dans le nid, car elles le quittent quelques instants dans la journée pour aller chercher leur nourriture et prendre un exercice indispensable et salutaire. La couche moëlleuse sur laquelle reposent les œufs, entretient une douce chaleur qui permet aux femelles de s'absenter et dispense le mâle de prendre sa place ; quelquefois, elles abandonnent forcément le nid, lorsque quelque animal vient rôder à l'entour ; alors elles poussent des cris qui annoncent leur désespoir, elles voltigent à peu de distance et

---

(1) *Dictionnaire universel d'histoire naturelle*, page 642, 1re colonne, tome VI, grand in-8°, Paris, 1845.

secondées par le mâle, elles cherchent à force de bruit à éloigner l'objet qui les trouble dans leur tendre occupation.

L'observation de Montbeillard est ou ne plus juste lorsqu'il dit : « Tandis que la femelle couve, le mâle « passe la nuit au bord du nid, il dort peu car on « l'entend babiller dès l'aube du jour et il voltige « jusqu'à la nuit close. (1) »

Combien de fois nous les avons surpris au crépuscule du matin, lorsqu'ils quittaient le bord du nid où ils avaient passé la nuit et qu'ils allaient se percher non loin de là pour charmer par leur gazouillement animé la peine de leur femelle. Quelle personne ayant près de sa demeure quelques nids d'hirondelles, n'a pas été réveillée par elles et ne les a pas entendu chanter jusqu'au lever de l'aurore ?

Lorsque les petits sont éclos, le mâle et la femelle se partagent les soins de l'éducation, ils chassent et apportent sans cesse la nourriture à leurs petits ; cette nourriture consiste en insectes qu'ils saisissent en volant. La chasse la plus abondante se fait sur les prairies ; tous les insectes leur conviennent, coléoptères, lépidoptères, sont pris avec la même avidité ; maintes fois, j'ai trouvé au-dessous du nid, l'*Ontophagus taurus* (Latr) qui avait été rejeté par les petits.

L'hirondelle a grand soin d'entretenir la propreté dans le nid, son attention va si loin que lorsqu'elle nourrit ses petits, si l'un d'eux se dispose à fienter, elle saisit la fiente avec son bec et l'emporte pour la laisser tomber à une assez grande distance. Aristote l'avait remarqué : « La mère dit-il apprend aux petits « à se tourner eux-mêmes en dehors pour jetter leur

---

(1) *Histoire naturelle des oiseaux* de Buffon, page 597, tome VI, édition in-4° de l'imprimerie royale, 1779.

« fiente. (1) » Cette habitude ne leur vient point de l'éducation mais d'un instinct naturel aux petits oiseaux ; la forme sphérique du nid les facilite, pressés par le besoin ils s'avancent à reculons jusqu'au bord du nid et peuvent se vider sans peine et sans être infectés de malpropreté.

Quelque temps avant de quitter le nid, les jeunes hirondelles s'habituent au vol, elles s'accrochent au bord et en dehors du nid et essayent leurs faibles ailes, elles répètent souvent cet exercice pendant le jour et lorsqu'elles se sentent assez fortes, elles abandonnent leur berceau pour suivre leurs parents qui les conduisent sur la toiture d'une maison ou sur un arbre voisin et les instruisent en exécutant avec elles toutes sortes d'évolutions; ils leur apprennent à connaître le cri de rappel et d'alarme, à un signal toute la famille se réfugie au même endroit. Bien souvent le père et la mère se reposent pendant que les petits voltigent près d'eux et si ils craignent qu'un exercice trop prolongé les fatigue, ils les invitent par un cri particulier à venir se reposer. Les petites hirondelles n'étant pas encore assez fortes et assez expérimentées pour chasser, le père et la mère les nourrissent pendant quelques jours; ils font en cela comme beaucoup de petits oiseaux dont la sollicitude paternelle pourvoit à l'entretien de leurs petits. Nous avons vu des hirondelles qui donnaient en volant la becquée à leurs petits.

« Dès leur arrivée les hirondelles se montrent au-
« dessus des eaux, cette apparition subite a vraisem-
« blablement donné lieu à l'opinion émise par les
« anciens et qui trouve encore des partisans parmi

---

(1) Aristote. *Histoire des animaux*, page 555, livre IX, tome 1ᵉʳ, traduction de Camus, édition in-4°, 1783.

« les modernes, que ces oiseaux passent l'hiver dans
« nos climats, mais engourdis au fond des marais. » (1)

Si dès leur arrivée on voit les hirondelles rechercher
les endroits abrités des petites rivières et des marais
et leur donner la préférence, c'est qu'elles y trouvent
une plus grande quantité d'insectes et que la nourriture y est plus abondante et la chasse plus facile. Ce
séjour que la nécessité les oblige à choisir ne peut
être admis comme une preuve de leur hibernation au
fond des eaux et l'on ne peut alléguer l'opinion émise
par les anciens en faveur de cette fable. Aristote et
Pline n'en parlent pas. Ils disent : « Que les hiron-
« delles vont passer l'hiver dans des climats d'une
« température plus douce, lorsque ces climats ne
« sont pas fort éloignés ; mais que lorsqu'elles se
« trouvent à une grande distance de ces régions
« tempérées, elles restent pendant l'hiver dans le
« pays natal et prennent seulement la précaution de
« se cacher dans quelque gorge de montagne bien
« exposée. (2) » Un grand nombre d'auteurs ont
cru à l'immersion des hirondelles pendant l'hiver (3),
mais le nombre des naturalistes qui n'y croyaient pas
l'emporte de beaucoup (4). Les partisans les plus
zélés de l'immersion malgré tout ce qu'ils ont pu faire
pour l'accréditer, avouent qu'ils n'ont jamais été assez
heureux pour parvenir à voir une seule hirondelle
tirée de l'eau. Pallas affirme qu'on ne connaît point

---

(1) *Dictionnaire classique d'histoire naturelle*, page 232, 2°
colonne, tome VIII, in-8°, Paris, 1825.

(2) Aristote. *Histoire des animaux*, livre VIII, page 499, tome
1er, traduction de Camus, édition in-4°, 1783.

(3) Schœffer, Hevelius, Aldrovande, Nicander, Bertin, Gérard,
Schwenkfeld, Rzaczinski, Derham, Klein, Ellis, Linnœus, de Humbolt,
Milne Edwards.

(4) Marsigli, Ray, Willughby, Catesby, Collinson, Wagger, Edwards,
Réaumur, Adanson, Frisck, Tesdorf, Lottinger, Valisnieri, les auteurs
de l'ornithologie italienne, etc.

en Russie la fable faite sur l'habitude des hirondelles
de passer l'hiver au fond de l'eau quoiqu'il n'y ait pas
de pays dans l'univers où il se fasse autant de pêches
et où l'on tire autant le filet, tant en hiver sous la
glace, qu'au printemps aussitôt après la débâcle des
glaces (1). Buffon voulant s'assurer si les hirondelles
étaient sujettes à l'engourdissement en fit renfermer
quelques-unes dans une glacière où il les tint plus ou
moins de temps. Elles ne s'engourdirent point, la
plupart y moururent et aucune ne reprit de mouvement
aux rayons du soleil, les autres qui n'avaient souffert
le froid de la glacière que pendant peu de temps,
conservèrent leur mouvement et en sortirent vi-
vantes (2). Les expériences faites par Buffon, les
preuves données par Montbeillard sur l'invraisem-
blance de l'engourdissemsnt des hirondelles, auraient
dù suffire pour détruire ce préjugé. Leur passage
régulier dans les îles de l'Archipel ; leurs voyages
d'Afrique en Europe et d'Europe en Afrique ; leur
arrivée au Sénégal au mois d'octobre, constatée
par Adanson ; leur séjour dans le royaume d'Issiguy
(côte d'or, Sénégal), depuis le mois d'octobre jusqu'au
mois de mars (3) ; l'hirondelle qui vint se poser le
29 octobre 1806 sur le bâtiment qui tranportait
Châteaubriand en Syrie (4), celle qui suivit le 29 octobre 1791 le vaisseau sur lequel Labillardière allait de

---

(1) *Voyage de Pallas dans les différentes provinces de l'empire
de Russie*, page 224, avril 1769, tome 1ᵉʳ, édition in-4º, Paris, 1788.

(2) *Histoire naturelle des oiseaux*, de Buffon, page XXV, tome
1ᵉʳ, édition in-4º de l'imprimerie royale, 1770.

(3) *Voyage de Loyer à Issigny*, (côte d'or, Sénégal), pendant les
années 1701, 1702, 1703, *Histoire générale des voyages*, page 422,
tome 3, édition in-4º, Paris 1757.

(4) *Itinéraire de Paris à Jérusalem*, par Châteaubriand, page 93,
tome II, 3ᵉ édition, in-8º, Paris, 1812.

Ténérif au cap de Bonne-Espérance (1), sont autant de preuves qui attestent leurs migrations.

L'hirondelle de cheminée émigrant plus tard que ses congénères, ayant l'habitude de se retirer le soir au mois de septembre sur les *Alnus glutinosa* et sur les *Phragmites communis* qui croissent au bord des rivières et des étangs, quelques-unes auront été précipitées dans les eaux où elles se seront noyées et d'où on les aura retirées par hasard, de là la fable de l'immersion hibernale; elles peuvent si peu vivre sous les eaux que les auteurs de l'ornithologie italienne assurent positivement que toutes les hirondelles qu'on a plongées sous l'eau dans le temps même de leur disparition, y moururent au bout de quelques minutes. Elles sont très-sensibles au froid ; les matinées fraîches de la fin d'août et de septembre les incommodent beaucoup, on les voit alors se rassembler sur un arbre bien exposé au soleil pour se réchauffer ; elles peuvent d'autant moins supporter la température glaciale des étangs, qu'on en a vu périr par des gelées tardives du printemps. Buffon l'avait remarqué, et nous l'avons observé en Poitou en 1832. Le commencement du printemps fut très-froid, le thermomètre de Réaumur descendit à trois degrés au-dessous de zéro, un grand nombre d'hirondelles furent trouvées mortes dans les cheminées et dans l'intérieur de la ville que nous habitions alors.

Ces observations qui se renouvellent souvent et que bien peu de personnes devraient ignorer, n'ont point empêché M. Dutrochet d'écrire à M. Isidore Geoffroi que : « des hirondelles ont été trouvées engourdies au milieu de l'hiver dans un

---

(1) *Relation du voyage à la recherche de Lapeyrousse* pendant les années 1791, 92, par Labillardière, page 37, tome 1ᵉʳ, édition in-8°, Paris, an VIII, 1799, 1800.

enfoncement de muraille et dans l'intérieur d'un bâtiment et que réchauffées entre les mains de ceux qui les avaient prises, elles ne tardèrent pas à s'envoler (1). M. le docteur Larey fait aussi connaître dans un rapport que : « passant à la fin de l'hiver 1792 « dans la vallée de Maurienne (Savoie) pour revenir « en France, il avait découvert dans une grotte « profonde d'une montagne nommée l'Hirondelière, « une grande quantité de ces oiseaux suspendus « comme un essaim d'abeilles dans l'un des coins de « cette grotte (2). » De ce fait M. Larey conclut que loin d'émigrer, ou de passer les mers comme on l'avait cru jusqu'alors, les hirondelles, du moins celles de nos climats, hivernaient dans les anfractuosités des Alpes et des Pyrénées.

S'il en était ainsi, l'arrivée des hirondelles n'aurait pas lieu à une époque fixe, nous les verrions apparaître quelquefois plus tôt ou plus tard, car souvent les mois de février et de mars ont une température plus douce que celle d'avril et de mai. Cependant elles arrivent constamment du 28 mars au 1er avril à moins qu'elles ne soient contrariées par un vent sud-ouest qui s'oppose à leur marche et ne les retarde de huit à dix jours comme cela eut lieu en 1865. Les hirondelles ne peuvent rester accrochées à la voûte d'une caverne se tenant les unes aux autres, leurs organes ne sont pas conformés pour ce mode de suspension verticale, et leurs pattes n'ont pas des doigts égaux et courbés parallèlement terminés par des griffes très-comprimées et pointues; leur

---

(1) Extrait d'une lettre de M. Dutrochet à M. Isidore Geoffroi, comptes-rendus hebdomadaires de l'académie des sciences (institut) page 703, tome VI, janvier-juin 1838.

(2) Note sur l'hibernation des hirondelles communiquée par M. le docteur Larey, comptes-rendus hebdomadaires de l'Académie des ciences (institut) page 703, tome VI, janvier-juin 1838.

pied ne forme pas un crochet qui sans effort musculaire et par le seul effet de la courbure des doigts
les tienne suspendues à la moindre aspérité, à la plus
petite saillie. Chez les chauve-souris la suspension
n'est qu'un moyen de se soustraire au danger qui les
menace, leur seule ressource est de pouvoir se
mettre au vol pour fuir. M. Larey n'aura pas examiné
attentivement l'espèce d'animaux suspendus à la
voûte de la grotte de la vallée de Maurienne, il aura
pris des *chauve-souris* pour des *hirondelles*.

Nous croyons devoir faire connaître le passage
suivant, il fait trop d'honneur à la science pour rester
ignoré, il prouve jusqu'à quel point on doit ajouter
foi aux preuves avancées par les partisans de l'immersion. « Un témoin oculaire lequel faisant appro-
« fondir dans les environs de Bruxelles l'un des
« étangs qui servent de réservoir pour les eaux qu'une
« machine hydraulique verse dans la ville, vit
« amener avec la vase de cet étang des paquets de
« plume qu'il prit d'abord pour des dépouilles
« pelotonnées de la canardière ; mais bientôt
« s'apercevant que ces paquets après un certain
« temps d'exposition au soleil, commençaient à
« remuer, il les examina de plus près, en détacha
« des oiseaux d'une couleur brune cendrée dont la
« forme ressemblait à des hirondelles ; ces oiseaux
« ne purent résister à la brusque impression de l'air,
« ils moururent au bout de quelques heures (1).

« Les hirondelles dont on a détruit plusieurs fois
« les nids et qui ont perdu du temps à les recons-
« truire et à pondre une seconde ou une troisième
« fois, demeurent par amour pour leurs petits et
« aiment mieux souffrir l'intempérie de la saison,

(1) *Dictionnaire classique d'histoire naturelle*, page 255, 1re
colonne, tome VIII, édition, in-8°, Paris 1825.

« que de les abandonner ; ainsi elles ne partent
« qu'après les autres, ne pouvant emmener leurs
« petits, elles restent au pays pour y mourir avec
« eux (1). »

Si l'on fait attention à l'époque de la migration des
hirondelles on pourra se convaincre : que la recons-
truction du nid ou les couvées tardives, ne peuvent
les forcer à rester dans nos climats pendant l'hiver.
Elles font deux couvées, dont la dernière a lieu au
mois de juillet, les petits peuvent quitter le nid du
vingt au trente et leur éducation est achevée à la mi-
août ; mais quand bien même les petites hirondelles
d'une couvée tardive ne seraient élevées qu'à la mi-
septembre, elles seraient encore assez fortes pour
faire partie du départ général qui a lieu du quinze au
vingt octobre. Sous le hangard où nous avions une
colonie d'hirondelles, des nids ont été détruits sans
que pour cela la réédification des nids et les couvées
tardives aient empêché les hirondelles de partir, et
pas une seule n'est restée dans le pays après les
autres. Nous avons fait relever d'anciens murs, abattre
de vieux arbres creux, nous n'y avons jamais trouvé
d'hirondelles blotties et engourdies, nous avons fait
curer des étangs nous n'en avons pas vu tirer des
*oiseaux de couleur brune cendrée dont la forme
ressemblait à des hirondelles.*

Les hirondelles supportent difficilement la priva-
tion de nourriture, une abstinence de quelques jours
les fait mourir de faim. « En 1740 les insectes pa-
« rurent en l'air plus tard que dans les années
« ordinaires, dit Réaumur, les hirondelles fatiguées
« par des vols qui ne les mettaient pas en état de
« prendre le petit gibier nécessaire pour les faire

---

(1) *Histoire naturelle* de Buffon, page XVI-XVII, tome 1er, édition
in-4° de l'imprimerie royale 1770.

« vivre, tombaient à terre sans force et périssaient
« faute de nourriture ; elles étaient arrivées en Alsace
« dès le commencement d'avril et n'ayant pas trouvé
« d'insectes elles avaient été réduites à mourir de
« faim ; on les voyait tomber à toute heure du jour
« aux pieds des passants dans les rues (1). » Elles
« se réunissaient en assez grand nombre sur une
« rivière qui bordait une terrasse appartenant alors
« à M. Hébert et où elles tombaient mortes à cha-
« que instant ; l'eau était couverte de leurs petits
« cadavres, ce n'était point par l'excès du froid
« qu'elles périssaient, tout annonçait que c'était
« faute de nourriture.

« Cette circonstance est à remarquer, dit Buffon,
« ne fut-ce que pour prévenir la fausse idée de ceux
« qui ne verraient dans tout ceci que des hirondelles
« engourdies par le froid et qui vont attendre au
« fond de l'eau la véritable température du prin-
« temps (2).

« Le nid des hirondelles est construit avec un
« ciment formé de terre gâchée par la matière
« glutineuse sécrétée par le bec et de débris de
« matières végétales ou animales (3).

Lorsque les hirondelles construisent leur nid elles
choisissent la boue fraîche des ornières des chemins
ou des ruisseaux des rues. L'hirondelle de cheminée
prend dans son bec un brin de foin ou d'herbe sèche,
elle y joint une becquée de boue qu'elle enlève par
trois ou quatre coups de bec, elle transporte ces ma-

---

(1) *Observations du thermomètre* faites en 1740 par Réaumur,
mémoire de l'académie des sciences, page 549-550, année 7440.

(2) *Histoire naturelle* des oiseaux de Buffon, page 593-94 et note 2,
tome VI, édition in-4°, de l'imprimerie royale, Paris 1779.

(3) *Dictionnaire classique d'histoire naturelle* page 233, 2°
colonne, tome VIII, in-8°, Paris 1825.

tériaux à l'endroit qu'elle a choisi et ils servent à bâtir le nid. Ce nid présente une surface très-raboteuse et on peut juger par le grand nombre d'aspérités et de brins d'herbes qui y sont attachés combien il a dû coûter de travail et quelle immense quantité de *matière glutineuse* il eut fallu. L'hirondelle de fenêtre n'emploie que de la boue à l'extérieur, elle ne se sert pas de matière *glutineuse secrétée par le bec pour convertir la terre en mortier*. Une sécheresse constante régna pendant tout le mois d'avril 1854, les hirondelles qui habitaient la ville furent forcées de retarder leurs constructions, il n'y eut que celles qui retrouvèrent leurs anciennes demeures qui purent se livrer à l'incubation ; mais lorsque la pluie arriva, un grand nombre furent occupées à récolter dans les rues les matériaux qui leur avaient manqué pour bâtir l'èdifice qui devait recevoir le fruit de leurs amours, la *matière glutineuse* devient donc insuffisante lorsque les hirondelles ne sont pas favorisées par les circonstances atmosphériques. Les hirondelles qui récoltent leurs matériaux de construction sont plus hardies et se laissent moins intimider par la présence de l'homme, on peut les approcher d'assez près sans qu'elles se dérangent de leurs occupations.

Dans quelques départements, tels que ceux de la Vienne, de l'Ain, etc., les hirondelles de cheminée bâtissent leurs nids dans les tuyaux des cheminées, mais dans celui de la Charente où l'étroitesse des tuyaux ne leur perme tpas d'entrer en volant, elles les appliquent aux chevrons des hangards et des appartements où elles peuvent pénétrer, quelquefois aussi elles les placent sous les entablements des maisons.

Le grand martinet habitant le centre des villes et les anciens édifices, plus sauvage que les hirondelles, voyageant sans cesse au haut des airs, établissant son nid à des élévations considérables et souvent inaccessibles, se tenant dans des trous de murailles et y élevant sa famille, ne peut être que dificilement observé; il faut le suivre dans sa marche rapide, assister à sa sortie et à sa rentrée dans son trou, le guetter, l'épier et ne l'abandonner qu'après avoir vu et revu bien des fois ce qu'on cherche à savoir.

« Ils volent par nécessité, dit Montbeillard, car
« d'eux-mêmes ils ne se posent pas à terre, et
« lorsqu'ils y tombent par quelque accident, ils ne se
« relèvent que très difficilement dans un terrain plat;
« à peine peuvent-ils en se traînant sur une petite
« motte, en grimpant sur une taupinière ou sur une
« pierre, prendre leurs avantages, assez pour mettre
« en jeu leurs longues ailes : c'est une suite de leur
« conformation; ils ont le tarse fort court, et lors-
« qu'ils sont posés, ce tarse porte à terre
« jusqu'au talon; de sorte qu'ils sont à peu près
« couchés sur le ventre, et que dans cette situation
« la longueur de leurs ailes devient pour eux un
« embarras plutôt qu'un avantage, et ne sert qu'à
« leur donner un balancement inutile de droite à
« gauche : si tout le terrain était uni et sans aucune
« inégalité, les plus légers des oiseaux deviendraient

« les plus pesants des reptiles ; et s'ils se trouvaient
« sur une surface dure et polie, ils seraient privés de
« tout mouvement progressif, tout changement de
« place leur serait interdit. » (1)

Spallanzani assure qu'ils parviennent à s'envoler
en frappant d'abord subitement la terre de leurs pieds
étendant leurs ailes et les battant l'une contre l'autre
ils se détachent du sol ; déjà ils peuvent décrire un
cercle bas et peu étendu, puis un second plus grand
et plus élevé, puis un troisième et les voilà devenus
maîtres de l'air. (2)

Désirant vérifier les faits rapportés par Montbeillard
et Spallanzani et connaître par quels moyens les
martinets peuvent se relever sur un terrain uni et
prendre le vol, nous en posâmes un, tantôt sur un
parquet ciré, tantôt sur le pavé d'un vestibule où il
restait immobile par crainte ou par apathie , mais
lorsque nous le forcions à s'avancer il se traînait sur
le ventre en donnant à son corps un mouvement de
droite et de gauche et élevait verticalement ses ailes
qui lui servaient de balancier et le tenaient en équi-
libre, le vol offrait moins de difficulté que la marche
et nous étions étonné de voir avec quelle promptitude
il prenait l'essor. Ses jambes courtes (3) dont le tarse
portait à terre faisaient l'office d'un ressort qui se
détend fortement et secondées par les ailes qui
frappaient au même instant le sol, elles élevaient le

---

(1) *Histoire naturelle des oiseaux* de Buffon, page 645, tome VI,
édition in-4°, de l'imprimerie royale, 1779.

(2) *Nouveau dictionnaire d'histoire naturelle*, page 421, tome 19,
édition in-8°, Déterville, Paris 1818.

(3) Longueur de la jambe du grand martinet noir prise sur un
squelette de notre musée.

Fémur 8 lignes . . . . 18 millimètres.
Tibia 10 lignes. . . . . 22 millimètres.
metatarse 8 lignes . . . . 18 millimètres.

corps assez haut pour que le vol s'exécuta sans peine (1); au moment du départ le déploiement de la queue fournissait un nouveau point d'appui et facilitait l'ascension. Le martinet ne faisait aucun circuit pour s'élever il allait droit devant lui. Arrivé au bout de sa course il s'accrochait à tous les objets sur lesquels il se posait et il fallait l'en arracher. Dans son vol précipité il se heurtait contre les vitres des croisées, tombait lourdement et restait immobile. Placé au pied d'un mur, il s'élevait verticalement à un pied, (33) centimètres de haut et retombait à la même place. Lorsque le martinet est renversé et jeté à terre il ne cherche point à s'envoler, il rampe et semble plutôt craindre qu'éviter celui qui veut le saisir. N'ayant point l'instinct d'échapper par une prompte fuite on a conclu que posé sur un terrain uni il n'avait aucune agilité et ne pouvait plus en partir. D'après la conformation de ses pattes dont les doigts sont à peu près de même longueur et crochus il peut facilement grimper à un mur qui offre quelques aspérités.

En parlant du vol presque continuel des hirondelles l'auteur de l'article martinet du dictionnaire universel d'histoire naturelle s'exprime ainsi : « Un exemple « plus frappant encore de la durée du vol chez ces « oiseaux est celui que fournit le martinet noir « d'Europe ; cette espèce qui se signale à l'attention « de tout le monde par les cris importuns qu'elle ne « cesse de pousser en tournant autour de quelque « édifice, demeure blottie dans son trou seulement « aux heures du jour où la température est la plus « élevée, hors ce temps qu'elle passe dans l'inaction « moins pour se reposer que pour se soustraire à la

---

(1) La jambe en se détendant élève le corps à plus de deux pouces, (58 à 60 millim.) le saut donne la même hauteur ce qui fait un espace de plus de quatre pouces (11 à 12 centim.) le martinet peut donc à cette élévation se mettre facilement au vol.

« grande chaleur, elle vague constamment le jour et
« la nuit au sein de l'atmosphère.

« Le fait des courses nocturnes du martinet noir
« est bien certainement un des plus curieux que
« présente l'histoire de ces oiseaux. Montbeillard en
« parle comme d'un phénomène qui s'observe au
« mois de juillet et quand les martinets touchent à
« l'époque de leur migration. Mais Spallanzani a vu
« et je l'ai constaté moi-même bien des fois que ce
« phénomène a lieu durant le temps que ces oiseaux
« passent parmi nous. Vers la fin du jour après qu'ils
« ont bien tourné selon leur coutume autour d'un
« clocher ou d'un autre édifice, on les voit s'élever à
« des hauteurs plus qu'ordinaires et toujours en
« poussant des cris aigus, divisés par petites bandes
« de quinze à vingt ils disparaissent bientôt totale-
« ment. Ce fait arrive régulièrement chaque soir,
« vingt minutes environ après le coucher du soleil et
« ce n'est que le lendemain lorsqu'il commence à
« reparaître à l'horizon qu'on voit les martinets des-
« cendre du haut des airs non plus par bandes mais
« dispersés çà et là. Avant la ponte les mâles et les
« femelles s'en vont chaque soir, mais lorsque les
« soins de l'incubation retiennent les femelles dans le
« nid les mâles seuls exécutent ces courses noc-
« turnes, Spallanzani dit même que lorsque l'édu-
« cation des jeunes est terminée les martinets se
« retirent dans les hautes montagnes où ils vivent
« jusqu'à leur départ d'Europe au sein des airs, sans
« jamais se poser sur aucun appui. » Il me semble
difficile dit l'auteur de cet article, de citer un oiseau
qui plus que celui-ci ait une durée de vol aussi
grande (1).

---

(1) *Dictionnaire universel d'histoire naturelle,* page 639, 11ᵉ
colonne, édition grand in-8°, Paris 1845.

La disparition totale des martinets pour passer la nuit à voler dans les airs et ne reparaître que le lendemain au lever du soleil est non-seulement invraisemblable mais doit être mise au nombre des contes les plus érronés et les plus absurdes, et si le fait des courses nocturnes des martinets est *un des plus curieux que présente l'histoire de ces oiseaux*, il est encore bien plus curieux de le rapporter sans l'avoir vu et d'invoquer l'autorité de Montbeillard qui dit : » Ils « vont sans doute passer la nuit dans les bois car on « sait qu'ils y nichent et qu'ils y chassent aux « insectes (1).

Doués d'un humérus très-gros et très-court d'un demi-pouce de longueur environ, (33 millimètres), muni de deux fortes tubérosités dont l'une supérieure et l'autre inférieure servent d'attache à des muscles volumineux, d'un cubitus et d'un radius qui ne dépassent pas huit lignes et demie (20 millimètres) et auxquels sont articulés un carpe et un métarcape d'un pouce et demi (42 millimètres) on ne sera pas surpris qu'avec une telle puissance les martinets aient un vol très-longtemps soutenu et franchissent avec tant de légéreté des distances considérables. La rapidité et la durée du vol est très-grande chez certains oiseaux. On connaît l'histoire du faucon de Henri II, qui s'étant emporté après une canne-petière (*Otis tetrax*) à Fontainebleau , fut pris le lendemain à Malte (2); celle du faucon des Canaries envoyé au duc de Lerme, qui revint d'Andalousie à l'île de Tenneriffe en seize heures; mais si la continuité du mouvement des oiseaux peut durer très-longtemps

---

(1) *Histoire naturelle des oiseaux* de Buffon, page 654, 655, tome VI, édition in-4° de l'imprimerie royale, 1779.

(2) *De vi motrice animalium*, Pietri Gassendi, tome 2, page 538, 2ᵉ colonne, in-folio, anno MDCLVIII.

ils ne sont pas infatigables, il leur faut comme à tous les êtres vivants, des temps de repos pour réparer leurs forces épuisées et les martinets malgré leur puissance musculaire pour le vol ne sont pas doués du mouvement perpétuel.

Les martinets quittent leur demeure à l'aube du jour et se dispersent çà et là pour chasser ; de six à sept heures ils se réunissent en troupes plus ou moins nombreuses et se poursuivent dans toutes les directions en faisant entendre des cris aigus. A midi ils se retirent dans leur trou pour se reposer jusqu'à deux heures et demie et recommencer ensuite leurs excursions ; vers le soir divisés en pelotons de vingt à trente ils se poursuivent en criant, ils s'élèvent et planent dans les airs, mais lorsque le crépuscule arrive et que le besoin du repos se fait sentir, des bandes nombreuses descendent vers leurs demeures, s'en rapprochent, rôdent autour, effleurent les murailles, s'en éloignent, et reviennent encore. La troupe qui vole à tire d'ailes en criant, qui se divise et se rallie à chaque instant, se précipite peu à peu dans ses trous et disparaît insensiblement. L'obscurité qui s'accroît, les cris qui s'affaiblissent à mesure que le nombre diminue ont fait croire que ces oiseaux s'éloignaient et s'élevaient de plus en plus dans les airs pour passer la nuit à voler et ne reparaître que le lendemain au lever du soleil.

Placé au pied du clocher de la cathédrale de Saint-Pierre-d'Angoulême, immobile et les yeux fixés sur cet édifice nous avions étudié bien des fois, pendant des heures entières les faits que nous avançons. En 1854, nous voulûmes nous assurer de nouveau de l'exactitude de nos observations et nous convaincre encore combien le sommeil et le repos sont nécessaires à ces oiseaux et combien aussi ils mettent de persévérance à se procurer un lieu de refuge pour y passer la nuit. Ce clocher avait été en partie démoli pour le reconstruire, la nouvelle maçonnerie était élevée de deux étages lorsque les martinets arrivèrent; les trous des vieilles murailles n'existaient plus, ils ne purent s'établir dans leurs antiques demeures, ils cherchèrent en vain un lieu plus convenable et qui leur présenta moins de difficultés. Malgré l'impossibilité de se loger ils ne renoncèrent point à leurs habitudes, pendant quelque temps il y eut chez eux plus d'inquiétude, la présence des ouvriers les rendait plus turbulents et plus criards, ils voltigeaient plus tard autour du clocher, ils se suspendaient aux murailles et cherchaient quelques interstices pour y pénétrer ; mais n'en trouvant pas il reprenaient leur vol et recommençaient leur recherches. Enfin, pressés par le besoin du repos et après bien des hésitations une partie de la troupe finissait par se loger dans l'espace compris entre le mur des fenêtres et le fût des colonnes qui supportent les ceintres, cet espace d'environ trois à quatre pouces (8 à 11 centimètres) de profondeur leur permettait de se tenir accrochés perpendiculairement ; ils formaient un cordon noir très saillant sur le fond blanc de la nouvelle construction. Ceux qui n'avaient pu partager cette retraite se précipitaient dans les trous des murs des maisons voisines, aucune fente n'était oubliée, tout devenait la possession de ces oiseaux ; plusieurs couples vinrent s'établir dans un joint sous l'appui d'une croisée et dans des trous d'échaffaudage d'une maison voisine de la notre et donnant sur un vaste jardin. Pendant le mois de juin 1856, nous avons observé leur coucher dans les joints des murailles de l'antique église de Sainte-Radégonde; il était souvent retardé et troublé par une couvée de cresserelles

(Falco tinnunculus) qui avaient établi leur domicile dans les combles de la cathédrale de Poitiers et qui rôdaient de temps en temps dans l'espoir d'en capturer quelques-uns, le nombre des martinets était si considérable que l'air en était pour ainsi dire obscurci, tous rentraient insensiblement dans leurs trous *et pas un ne s'élevait dans les airs pour y passer la nuit à voler.*

Ces oiseaux ne redoutent pas la grande chaleur de nos étés et nous croyons que loin de les incommoder elle leur est indispensable ; ils sont plus animés, leurs cris sont plus forts et plus fréquents et leurs évolutions plus précipitées. Dans les jours les plus brûlants de juin et de juillet ils parcourent avec une extrême rapidité les sinuosités des rues, où ils planent dans les airs à de grandes hauteurs, et s'ils rentrent dans leurs trous depuis midi et demi jusqu'à deux heures et demie c'est afin de se reposer : mais lorsqu'ils sont occupés de leurs couvées, l'inaction se prolonge d'avantage, ils rentrent à dix heures du matin pour ne sortir qu'à trois ou quatre heures du tantôt, ce qui prouve que la chaleur n'influe en rien sur la durée de leur repos. La température du mois de juin 1854 fut très-variable; les martinets n'éprouvèrent aucun changement dans leurs habitudes, ils exécutèrent leur rentrée et leur sortie comme à l'ordinaire. Ils supportent très-bien la chaleur, mais ils sont très-sensibles au moindre froid et dès que les jours commencent à diminuer et que la fraîcheur du matin et du soir se fait sentir, ils disparaissent et nous quittent jusqu'à l'été suivant. Le 20 juin 1855, fut très-froid pour la saison, le vent souffla plein nord et le thermomètre de Réaumur ne s'éleva qu'à 8 degrés et demi à neuf heures, et à 12 degrés à midi ; le lendemain à quatre heures du matin il n'indiquait que 7 degrés et dans la journée il ne dépassa pas 12. Pendant ces deux jours les martinets ne se montrèrent pas, on les aurait cru partis, enfin, le troisième jour étant moins froid et la faim les forçant à sortir ils se mirent en campagne le tantôt; leur vol était très-bas pour saisir les insectes que le froid avait forcés de se tenir près de terre.

« Peu de temps après que les martinets ont pris
« possession d'un nid il en sort continuellement pen-
« dant plusieurs jours et quelquefois la nuit des cris
« plaintifs; dans certains moments on croît distin-
« guer deux voix, est-ce une expression de plaisir
« commune au mâle et à la femelle, est-ce un chant
« d'amour par lequel la femelle invite le mâle à venir
« remplir les vues de la nature ? » (1)

Nous ne parlerons pas de ces cris plaintifs, nous ne les avons pas entendus; nous ne dirons pas qu'ils sont des chants d'amour, nous l'ignorons; mais nous pensons que c'est une expression de plaisir commune au mâle et à la femelle de tous les oiseaux lorsqu'ils sont réunis. Les petits oiseaux de volière font entendre le soir à leur coucher un gazouillement semblable, on l'observe aussi chez les oiseaux de basse cour, chacun s'assujetit, s'arrange de son mieux près de son voisin, caquette à demi voix pendant quelques instants et cesse enfin en mettant sa tête sous son aile.

« On a pensé que l'accouplement des martinets se
« faisait dans le nid, parce qu'on a vu assez souvent
« trois ou quatre martinets voltiger autour du trou
« et même étendre les griffes pour s'accrocher à la
« muraille. » (2)

---

(1) *Histoire naturelle des oiseaux* de Buffon, page 623, tome VI, édition in-4° de l'imprimerie royale, 1779.

(2) *Histoire naturelle des oiseaux* de Buffon, page 65, tome VI, édition in-4°, de l'imprimerie royale, 1779.

L'accouplement des martinets comme celui des hirondelles s'accomplit hors du nid ; ils volent le matin autour de leur trou, leurs évolutions sont plus nombreuses et plus agitées, leurs cris plus aigus et plus répétés ; ils se poursuivent avec une rapidité extraordinaire, ils passent et repassent sans cesse et se croisent dans tous les sens, quelques femelles s'accrochent aux parois des murs, les mâles qui les recherchent s'élancent sur elles, s'y tiennent accrochés, se joignent et tous les deux ne se séparent qu'après être tombés en volant à une certaine distance.

« On les soupçonne avec beaucoup de vraisemblance
« de s'emparer quelquefois des nids des moineaux,
« mais quant à leur tour ils trouvent les moineaux
« en possession du leur, ils viennent à bout de se le
« faire rendre sans beaucoup de bruit. » (1).

Nous n'avons jamais vu les moineaux s'emparer des nids des martinets mais nous avons vu plusieurs fois ces derniers attaquer et prendre de vive force l'habitation des moineaux. Il y a quelques années nous fûmes témoin d'un siége mémorable : un couple de moineaux avait établi son domicile dans une cavité de quatre à cinq pouces de diamètre (10 à 13 centimètres), des martinets cherchèrent à s'en rendre maîtres et furent repoussés chaque fois qu'ils se présentaient, un cri d'alarme était donné et aussitôt plusieurs moineaux du voisinage accouraient et placés à l'entrée de la demeure ou sur les toits, ils s'élançaient contre les assaillants qui ne se rebutaient pas et revenaient sans cesse à la charge ; les martinets livrèrent un combat à outrance aux moineaux, qui défendaient leur progéniture et leur nid, ils s'introduisirent dans le trou, ils en furent chassés une seconde

____

(1) *Histoire naturelle des oiseaux*, de Buffon, page 648, tome VI, édition in-4° de l'imprimerie royale, 1779.

fois et dans le fort de la mêlée ils entraînèrent avec leurs griffes le nid et les jeunes moineaux qui trouvèrent la mort au pied du mur qui les avait vu naître. Les moineaux privé de leur postérité délogèrent et allèrent s'établir plus loin pour recommencer une nouvelle couvée. Tout n'était pas terminé pour ce trou tant désiré et si chèrement acheté ; d'autres martinets déclarèrent la guerre aux premiers usurpateurs, plus d'un assaut fut livré et plus d'une fois aussi, assiégés et assiégeants accrochés par le bec et par les pattes tombèrent comme des masses dans la rue et devinrent la proie de celui qui voulut s'en emparer ; ils étaient tellement acharnés les uns contre les autres qu'ils se laissaient prendre sans difficulté, il fallait les séparer de vive force et plutôt que de lâcher prise ils arrachaient les plumes et la peau qu'ils avaient saisies avec leurs griffes ; l'assaut était donné le matin de huit à neuf heures et le soir de six à huit.

Guenaud de Montbeillard, avait observé dans plusieurs nids de martinets à peu près les mêmes « matériaux et des matériaux de toute espèce, en un « mot tout ce qui peut se trouver dans les balayures « des villes, il pensait d'après ce que lui avaient « dit quelques gens, que ces matériaux venaient des « nids des moineaux et des nids d'hirondelles, parce « que l'on sait que les martinets entrent dans les « nids des petits oiseaux et qu'ils ne se font pas faute « de les piller quand ils ont besoin de maté- « riaux. » (1)

Les martinets s'emparent des nids des moineaux non pas pour en enlever les matériaux mais pour s'y établir. Lorsqu'ils sont repoussés, ils entraînent tous les objets auxquels ils se cramponnent, il n'est donc pas

---

(1) *Histoire naturelle des oiseaux* de Buffon, page 649-650, tome VI, édition in-4° de l'imprimerie royale, 1779.

étonnant qu'on en ait vu quelques-uns emporter de
l'herbe, de la mousse, des plumes, etc., et qu'on en ait
conclu qu'ils se servaient de ce moyen pour composer leur nid. Ce ne sont point ces matériaux qu'ils
convoitent, c'est plutôt le trou ou la crevasse du mur.
Prenant assez facilement le vol lorsqu'ils sont à terre,
ils pourraient trouver dans la campagne et partout
ailleurs, les plumes, les herbes, les laines, les étof-
fes légères dont ils se serviraient pour composer leur
nid ; ils ne s'en mettent pas en peine, car il n'en font
pas ; des ouvriers qui réparaient au mois de juin
1863, la tour de Lusignan de l'ancien château d'Angoulême, capturèrent une grande quantité de martinets et leurs œufs, ils nous en apportèrent et nous
assurèrent qu'ils les avaient trouvés à nu sur la
pierre et sans aucun vestige de nid : ce qui est très-
vraisemblable parce que les joints des pierres qu'ils
habitent n'ont pas assez de hauteur pour leur per-
mettre d'élever un nid et qu'eux mêmes sont forcés
de se tenir sur le ventre comme si ils rampaient.
Leurs œufs qu'on a représentés comme ayant une
coquille très-fragile (1) l'ont au contraire assez
épaisse pour résister aux divers chocs qu'ils éprou-
vent pendant l'incubation.

La ponte de ces oiseaux est communément de quatre œufs d'un blanc pur et sans taches, pointus, et
de forme allongée.

Grand diamètre 10 à 11 lignes. . . . . 24 à 25 millimètres.
Petit diamètre 7 à 7 1/2 lignes. . . . . 17 à 18 millimètres.

Les martinets n'ont pas toujours le vol élevé, à cer-
taines heures de la journée et le matin surtout par
des temps brumeux, ils rasent la terre pour saisir les
insectes rapprochés du sol ; nous les avons vus mêlés

---

(1) *Nouveau dictionnaire d'histoire naturelle*, page 426, tome 19
édition in-8°, Déterville, Paris 1818.

aux hirondelles faisant la chasse et effleurant la terre comme elles.

Un changement dans leurs habitudes annonce leur prochain départ, dans les derniers jours de juillet, ils ne se réunissent plus en troupes nombreuses, ils sont plus divisés et plus taciturnes, ils volent et planent séparément çà et là, ils n'attendent qu'un vent favorable pour émigrer ; mais aussitôt qu'une brise nord-ouest, commence à fraîchir, ils en profitent et on est tout étonné de ne plus les voir, une nuit a suffi pour les faire disparaître et leur faire abandonner le pays.

Le martinet noir adulte a la gorge d'un blanc cendré, le reste du plumage noirâtre avec des reflets verts ; la teinte du dos et les couvertures inférieures de la queue plus foncée, le bec noir ; un bouquet de plumes noires roides et ciliées placé en avant de l'œil pour le protéger et faciliter la vision ou servir d'organe de tact et donner avis de l'approche des corps; les tarses couverts de petites plumes noirâtres.

Le jeune a la gorge blanche, le sinciput et le lorum garnis de plumes noirâtres bordées d'un liseré gris cendré ; les plumes du reste de la tête, d'une partie du cou et de la poitrine nuancées de gris clair à peine visible, les tectrices frangées de gris clair sur le bord des barbes supérieures et à l'extrémité des inférieures ; les remiges entièrement noires, les plumes du bord inférieur du métacarpe d'un gris plus prononcé, formant comme une rangée de petites écailles grises blanches et noires.

L'hirondelle de fenêtre, *Chelidon urbica*, a beaucoup de rapport avec le grand martinet, comme lui elle a les pieds emplumés, elle rentre dans son nid pour s'y reposer une partie de la journée et lorsque l'éducation de la jeune famille est terminée elle vole à une grande élévation, en décrivant des cercles sans nombre, ou en planant et en faisant entendre quelques petits cris assez rares ; elle est sensible au froid, et dans les matinées de septembre elle se place au soleil, pour se réchauffer, elle est quelquefois couverte de l'*Hornythomia hirundinis*; nous en prîmes une sur laquelle elle était en si grande abondance que sa peau était maculée de petits points rouges et qu'elle ne pouvait voler.

Les ornithologistes qui ont écrit l'histoire des hirondelles sont unanimes sur l'époque de l'arrivée de ces oiseaux dans nos climats ; mais, de nos jours, quelques personnes qui prétendent avoir fait des observations sur leurs migrations sont si éloignées de la vérité que je crois devoir faire connaître le résultat de près de trente années d'études dans les départements de la Charente et de la Vienne.

ARRIVÉE.

Hirondelle de cheminée *(Hirundo rustica)*. .	28 Mars au 1er Avril.
Hirondelle de rivage *(Cotyle riparia)*. . . .	28 Mars au 1er Avril.
Hirondelle de fenêtre *(Chelidon urbica)*.. . .	20 au 30 Avril.
Grand Martinet *(Cypselus apus)*.	30 Avril au 1er Mai.

DÉPART.

Hirondelle de cheminée *(Hirundo rustica)*. . .	15 au 20 octobre.
Hirondelle de rivage *(Cotyle riparia)*. . . .	15 au 20 octobre.
Hirondelle de fenêtre *(Chelidon urbica)*. . . .	15 octobre, quelquefois plus tard.
Grand Martinet *(Cypselus apus)*	1er au 2 Août.

Depuis quelques années les hirondelles de cheminée n'arrivent que le six ou le huit avril. Cette année 1865, les martinets ont paru le seize avril; et presque à la fin de juillet ils ont formé deux divisions dont la première, la plus nombreuse est partie du vingt-deux au vingt-trois et la seconde a disparu le premier août.

10 août 1865.